FORSCHUNGSBERICHTE DES LANDES NORDRHEIN-WESTFALEN

Nr. 2762/Fachgruppe Textilforschung

Herausgegeben im Auftrage des Ministerpräsidenten Heinz Kühn
vom Minister für Wissenschaft und Forschung Johannes Rau

Dipl.-Chem. Dr. rer. nat. Hans Günther Fröhlich
Forschungsinstitut der Hutindustrie e. V.
Aachen

Die Entwicklung neuer Haarbeizen unter der Berücksichtigung der Abwasser- und Umweltbedingungen

Westdeutscher Verlag 1978

CIP-Kurztitelaufnahme der Deutschen Bibliothek

Fröhlich, Hans Günther:
Die Entwicklung neuer Haarbeizen unter der
Berücksichtigung der Abwasser- und Umweltbe-
dingungen. - 1. Aufl. - Opladen : Westdeutscher
Verlag, 1978.
    (Forschungsberichte des Landes Nordrhein-
    Westfalen ; Nr. 2762 : Fachgruppe Textil-
    forschung)

ISBN 978-3-531-02762-3   ISBN 978-3-322-88418-3 (eBook)
DOI 10.1007/978-3-322-88418-3

ISBN 978-3-531-02762-3

Inhalt

1. Einleitung

Die Hutindustrie verwendet zur Herstellung von Hüten fast ausschließlich Wolle, Kanin-und Hasenhaar. Während die Wolle von Natur aus ein
zur Herstellung von festen und dichten Filzen ausreichendes Filz-
und Walkvermögen aufweist, trifft dies für die Kanin-und Hasenhaare
in diesem Umfange nicht zu. Um genügend dichte Filze auch aus den
zuletzt genannten Haaren herstellen zu können, unterwirft man diese
Haare einer chemischen Behandlung, Beizen oder Carrotieren genannt.
Auf diese Weise läßt sich das Walkvermögen soweit erhöhen, daß beim
Walken genügend dichte und feste Filze erhalten werden. Die chemische Behandlung erfolgt am Fell, wobei so gearbeitet wird, daß bevorzugt die Haarspitzen der chemischen Behandlung ausgesetzt werden.
Gegen die Haarmitte hin solle die Beizstärke wieder abnehmen, so daß
die Basis des Haares, darunter versteht man den Haarschaft, ungebeizt
bleibt.

Früher hatte man zum Beizen der Felle ausschließlich salpetersaure
Quecksilbernitratlösungen verwendet. In den 30-iger Jahren kamen
dann allmählich auch quecksilberfreie Beizlösungen auf Basis mineral-
saurer Wasserstoffperoxidlösungen in Gebrauch (1). Heute nun haben
diese Beiztypen, wie Salpetersäure/ Wasserstoffperoxid und Salzsäu-
re/ Wasserstoffperoxid die klassische Quecksilberbeize weitgehend
ersetzt. Diese Tatsache beruht vor allem darauf, daß es sich bei der
Quecksilberbeize um eine Beizlösung hoher Giftigkeit handelt, denn
hinsichtlich der Beizwirkung und vor allem in Bezug auf die Schonung
der Haarsubstanz ist die Quecksilberbeize allen bisher bekannt ge-
wordenen Beizlösungen überlegen.

2. Histologischer und chemischer Aufbau der Kanin-und Hasenhaare

Bekanntlich stellen die tierischen Haare lange zylindrische, teils
hohle Horngebilde epidermoidalen Ursprungs dar, die von außen nach
innen aus folgenden Grundbauelementen bestehen: (2)

- 4 -

1. <u>Schuppendecke</u> aus verhornten Zellen unterschiedlicher Dicke,
   die den Faserstamm umgibt
2. <u>Faserstamm</u>, bestehend aus Spindelzellen (Fibrillen) und
3. <u>Markkanal</u>, der zumeist hohl und mit Luft gefüllt ist

Die Schuppendecke, auch KUTIKULA genannt, ist mit dem Faserstamm
mittels interzelluarer Kittsubstanz verbunden. Die Schuppen selbst
sind in ihrer Form, Stärke und Größe, sowie der Anordnung nicht nur
von Tierart zu Tierart unterschiedlich, sondern auch von der Basis
bis zur Spitze.
Der Faserstamm, auch KORTEX genannt, stellt normalerweise den Haupt-
teil des Haares dar. Er ist daher auch in erster Linie für die technologischen Eigenschaften des Haares verantwortlich und besteht aus
den in eine Kittsubstanz eingelagerten Spindelzellen. Bei den mei-
sten Tierhaaren besteht der Faserstamm aus 2 nebeneinander, sich
spiralförmig umschlingenden oder rohrförmig umgebenden Teilen, als
Ortho- und Parakortex bezeichnet. Dieser mit bilateraler Struktur
bezeichneter Aufbau, ist vor allem bei den Wolltypen vorherrschend.

Das Haarmark wird durch einen Zellstrang in der Mitte des Haares
gebildet. Es handelt sich hierbei um eingetrocknete, meist mit Luft
gefüllter Markzellen. Alle Kaninhaare haben, abgesehen von einer
kurzen Strecke am unteren Basalteil, immer eine charakteristische
Markzeile, die im übrigen den größten Teil des Haarquerschnittes
einnimmt und von Weißkanain abgesehen reichlich mit Pigmenten
angefüllt ist. Im Gegensatz zu den Kaninhaaren, dies gilt sowohl
für Zahmkanin als auch Wildkanin, sind die Rückenhaare des Hasenwin-
terfelles über den größten Teil der Haarlänge markfrei und nicht
pigmentiert. Das Hasenrückenhaar erscheint daher nicht weiß, sondern
transparent und glänzend. Die blaue Seite und das Hasenbauchhaar
zeigen dagegen immer eine Markzeile, wie die Kaninhaare. Die Rückenhaare von Sommerhasenfellen sind normalerweise markhaltig und zu-
dem leicht pigmentiert. Grannenhaare von Kanin-und Hasenfellen
sind nicht nur merklich dicker, verglichen mit dem feinen Flaum-
haar, sondern weisen mindestens 3 - 10 Markzeilen auf, d.h. der ge-
samte Haarquerschnitt wird vom Haarmark ausgefüllt.

Chemisch gesehen bestehen die Tierhaare aus KERATIN, einer unlös-
lichen Substanz, die aus 18 verschiedenen α - Aminosäuren aufge-
baut ist. Die einzelnen Aminosäuren selbst werden über Peptidbindungen zu linearen Makromolekülen, den sogenannten Peptidketten ver-
knüpft. Diese sind im Keratin schraubenförmig zu einer α - Helix-
Struktur angeordnet, die über Wasserstoffbrücken stabilisiert wird.
Hinzu kommen noch die Salzbrücken zwischen den sauren und basischen
Seitenketten sowie die Difulfidbrücken, der wir die Unlöslichkeit
der Keratinfaser, d.h. dem Haar verdanken. Für die chemische Reak-
tionsfähigkeit der Haare sind in erster Linie die reaktionsfähigen
Seitenketten verantwortlich.

3. Ursachen der Filzfähigkeit (3)

Bevor wir mit der Besprechung der experimentellen Ergebnisse be-
ginnen, seien zunächst einmal kurz einige Worte über die Ursachen
der Filzfähigkeit vorangestellt.
Bekanntlich ist das Filzen nicht nur eine typische Eigenschaft
der Wollen, sondern ist praktisch allen Tierhaaren, ausgenommen der
Grannen und Leithaare, eigen. Der Filzvorgang als solcher ist
sehr komplex und von dem Zusammenwirken morphologischer und
chemisch-pysikalischer Eigenschaften abhängig. Wir wissen heute,
daß hierfür vor allem nachfolgend aufgeführte Faktoren eine wichtige und auch entscheidende Rolle spielen:
   a) <u>Eigenschaften der Haaroberfläche</u>, wie z.B. unterschiedliche
      Reibungseigenschaften mit und gegen die Schuppenrichtung und
   b) <u>die elastischen Eigenschaften</u>, vor allem das querelastische
      Verhalten, die Deformierbarkeit und das Erholungsvermögen.

Länge, Feinheit, Kräuselung und Quellfähigkeit der Haare sind dagegen Faktoren von sekundärem und nicht ursächlichem Einfluß. Sie
beeinflussen lediglich das Ausmaß des Filz-und Walkvermögens und
wirken sich teilweise entscheident auf die Qualität des fertigen
Filzes, wie Festigkeit, Dichte Griff usw. aus. Temperatur und
pH-Wert der Walkflotten beeinflussen ebenfalls nur die Höhe des
Verfilzungsgrades.

4. Der Filz-und Walkvorgang

In der Praxis wird unter Filzen das erste Stadium der Verdichtung
einer losen Fasermasse ohne merkliche Änderung der Ausgangsfläche
verstanden. Die weitere Verdichtung der Fasermasse bei gleichzei-
tiger Verkleinerung der Ausgangsfläche unter erhöhtem Kraft-und
Arbeitsaufwand bezeichnet man dagegen als Walken. Der Anstoß für
die fortschreitende Verflechtung und Verschlingung der Haare beim
Filzen und Walken unter der Einwirkung von Energie ist in der be-
vorzugten Verschiebung derselben in Richtung ihrer Wurzelenden zu
suchen. Dieser Vorgang führt jedoch nur dann zum Erfolg, wenn die
Faserspitzen infolge erhöhtem Reibungswiderstand aneinander haften
und sich hierbei gleichzeitig mehr oder weniger stark umschlingen.
Das Beizen führt zu der gewünschten Erhöhung des Reibungswiderstan-
des der Haarspitzen und somit zu einer verbesserten Walkfähigkeit
der Haare.
Die Filzbildung als solche kann als das Ergebnis von zwei mechanisch
sequentiell ablaufenden Vorgängen verstanden werden (4). Danach
werden die einzelnen Haare in den Stauch-und Druckzonen aneinander
gepreßt und gegenseitig verschoben, wobei sie sich krümmen und ver-
biegen, sowie in die freien Räume ausweichen. In der nachfolgenden
Entspannungsphase, also bei Wegnahme des äußeren Stauchdruckes versuchen die Haare in ihre ursprüngliche, spannungsfreie Lage zurück-
zukehren, d.h. zurückzuschnellen und hierbei die aufgezwungenen
Verbiegungen wieder aufzuheben. Infolge der jetzt wirksam werdenden
Reibungskräfte ist eine völlige Rückkehr in die ursprüngliche Aus-
gangslage nicht mehr möglich. Die geometrische Lage und Gestalt jeder beteiligten Faser hat sich also bleibend verändert. Dieser Vorgang
wiederholt sich nun bei jeder Stauch-und Dehnungsperiode so lange, bis
der Filz die gewünschten Eigenschaften erreicht hat.

5. Chemische und physikalische Vorgänge beim Beizen

Aus der Fachliteratur geht hervor (5), daß als wichtigste Reaktion
beim Beizen von Kanin-und Hasenhaar die Spaltung von Cystinbrücken
anzusehen ist. Die zusätzliche Spaltung von Wasserstoff-und Salzbrücken wirken sich auf das erreichte Walkvermögen nur geringfügig
aus. Zumeist wird eine leichte Verbesserung des Walkvermögens festgestellt.

Um eine ausreichende Verbesserung der Walkfähigkeit zu erzielen,
empfiehlt es sich etwa 20% der Cystinbindungen zu spalten, wobei
Cystein und Cysteinsäure gebildet werden, je nachdem. ob die Spaltung des Cysteins oxidativ oder reduktiv erfolgt.
Bei den mineralsauren Quecksilbernitrat, Quecksilbersulfat oder
Wasserstoffperoxid enthaltenden Beizlösungen werden neben dem Cystin
vor allem noch die Aminosäuren Tyrosin und Tryptophan angegriffen.
Außerdem werden merkliche Mengen Arginin zu Ornithin abgebaut.
Bei der Quecksilberbeize tritt eine Vernetzung der Cysteingruppen
durch Quecksilberion ein und außerdem kann noch mit einer Anlagerung
von Quecksilbernitrat oder Quecksilbersulfat an die Cystin-
brücke gerechnet werden. (6).
Die Gegenwart von mineralischen Säuren, wie Salzsäure, Salpetersäure oder Schwefelsäure in den wäßrigen Beizlösungen führt zu
einer zusätzlichen Spaltung von Polypeptidketten, ein Befund der
sic h vor allem nachteilig auf die Festigkeitseigenschaften der
gebeizten Haare auswirkt. Außerdem wurde festgestellt, daß bei
feuchter Lagerung der gebeizten Haare mit einer N - O Acylwanderung zu rechnen ist, der eine zusätzliche chemische Schädigung
des Haares bewirkt. (6)

Schema der N - O Acylwanderung

$$
\begin{array}{ccc}
\underset{\substack{\diagup R\\ \text{CH} - \text{CH}_2\text{OH}\\ \diagdown \text{NH}\\ \diagup \text{C}{=}{=}\text{O}\\ \diagdown R}}{} &
\begin{array}{c} +\ H^+ \\ \dashrightarrow \\ \dashleftarrow \\ -\ H^+ \end{array} &
\underset{\substack{\diagup R\\ \text{CH} - \text{CH}_2\\ |\diagdown\\ \text{NH}_3^+\ \ \ \ \text{O}\\ \diagup\\ \text{C}{=}{=}\text{O}\\ \diagdown R}}{}
\end{array}
$$

N-Peptidyl-   O-Peptidyl-

Die chemischen Einwirkungen beim Beizen führen in erster Linie
zu einer Beeinflussung der elastischen Kräfte beim Haar. Hierdurch
wird die Biegesteifigkeit, die Elastizität sowie die Lastaufnahme
bei Kompressionseinwirkungen vermindert. Alle diese Faktoren be-
günstigen das Filz-und Walkvermögen des Haares. Weiterhin sei darauf hingewiesen, daß durch die Einwirkung der Beizlösungen auf die
Haaroberfläche dieselbe eine gewisse Aufrauhung erfährt, wodurch
die Faserreibung und somit die gegenseitige Haftung in beiden Rich-
tungen erhöht werden. Dieser Befund trägt im übrigen wesentlich

zur Verbesserung der Walkfähigkeit bei. Aus früheren Untersuchungen
(7) geht hervor, daß der Beizvorgang, der sich vorwiegend auf die
Haarspitzen beschränkt, letztlich die Haarspitzen nichtfilzend
macht.

6. Problemstellung

Infolge der verschärften Abwasserverordnungen der letzten Jahre
einerseits und der Verordnungen zur Reinerhaltung der Luft andererseits ist es erforderlich geworden die Technologie des Beizens
von Kanin-und Hasenfellen unter Berücksichtigung der neuen Gege-
benheiten einer Prüfung zu unterziehen.
Die Belastung des Abwassers als auch der Umluft erfolgen nicht
nur beim eigentlichen Beizen der Felle, sondern in gewissem Umfange
auch bei der Verarbeitung der gebeizten Haare in den Hutfabriken
selbst. So bringt das gebeizte Haar in größerem Umfang Mineralsäu-
re mit, die bei der Filzherstellung zusätzlich in das Abwasser
gelangt. Im Falle von mit Quecksilberbeize gebeiztem Haar gelangt
außerdem noch Quecksilber in gelöster Form ins Abwasser als auch
in die Umluft. Vor allem der Quecksilberdampf kann zu starken ge-
sundheitlichen Schäden führen. Die zulässigen MAK-Werte liegen bei
$0,015$ mg/m^3. Es ist daher zu begrüßen, daß die Verarbeitung von
quecksilbergebeitem Haar zumindest in der BRD die Ausnahme darstellt.
Dies gilt auch für das Beizen mit Quecksilberbeize. Wir haben es
daher heute bevorzugt mit den stark mineralsauren Wasserstoffperoxidlösungen zu tun. Beim Trocknen der gebeizten Haarfelle gelan-
gen in größerem Umfang Säuredämpfe in die Abluft. Die Arbeitsplatz-
konzentration an Salzsäure darf 5 ppm nicht überschreiten. Bei Salpetersäure liegt dieser Wert bei 10 ppm und bei Schwefelsäure bei
1 mg/m^3, alles Werte, die unter ungünstigen Bedingungen erreichbar
sind, vor allem in den Trockenräumen.
Die Säuren, die dem Abwasser zugeführt werden, werden zumeist vor
dem Einleiten in die Kanalisation neutralisiert. Das auf diese Weise anfallende Neutralsalz führt bei höherer Konzentration ebenfalls
zu einer Belastung, vor allem wenn es Wasserläufen zugeführt wird.

Unsere Untersuchungen haben den Zweck Beizansätze zu suchen, die
das Abwasser als auch die Abluft so wenig wie möglich belasten
und vor allem am Arbeitsplatz zu keinen Überschreitungen der MAK-
Werte führen, andererseits jedoch eine ausreichende Walkfähigkeit
gewährleisten.

7. Experimenteller Teil

7.1. Rohmaterial

Für unsere Untersuchungen wurden wurden Zahmkaninfelle als auch
Hasenfelle verwendet. Die Felle selbst wurden zunächst von Kopf,
Pfoten und Schweif sowie den Fleisch-und Fettresten befreit. Anschließend wurden die Zamkaninfelle gerupft, die Hasenfelle gestutzt,
um diese von den Leit-und Grannenhaaren zu befreien. Die so vor-
bereiteten Felle wurden für die Beizversuche verwendet. Im einzelnen wurden nachfolgend aufgeführte Fellqualitäten verwendet:

     Hasenhaar: I H xx tlp., gute Winterfelle

     Zahmkanin: Petit bon tlp., Winterfelle in den Farben
                Weiß und Grau.

7.2. Chemische Teste

7.2.1 Alkalilöslichkeit

Die Alkalilöslichkeit wurde durch Behandlung mit o,o25n Natronlauge,
Flotte 1:100, während 1 Stunde im siedenden Wasserbad nach ZAHN (8)
ermittelt.

7.2.2 Säurelöslichkeit

Die Säurelöslichkeit wurde nach FRÖHLICH durch Behandlung mit 0,6n
Salzsäure während 1 Stunde im siedenden Wasserbad bestimmt (9).

7.2.3 Cystingehalt

Für die Bestimmung des Cystingehaltes wurde die kolorimetrische
Analyse mittels Phosphor-9-Wolframsäure von Folin und Marenzi(1o)
unter Verwendung der Arbeitsvorschrift von ZAHN und TRAUTMANN (11)
angewandt.

7.2.4 Aminosäurezusammensetzung

Die Bestimmung der Aminosäurezusammensetzung erfolgte nach der
MOORE und STEIN - Technik (12).

7.3 Physikalische Teste

7.3.1 Bestimmung der Reißkraft und Reißdehnung.

Die Bestimmung erfolgte in Anlehnung an DIN 53857 an Streifen
von 50 x 200 mm Länge. Die Streifen wurden in Längs-u.Querrich-
tung den Hutfilzen entnommen und aus jeweils 10 Einzelmessungen
der Mittelwert bestimmt. Die Festigkeiten in Querrichtung sind
immer höher(bis zu 20%), verglichen mit den in Längsrichtung
erhaltenen Werten.

7.3.2 Walkversuche

Die aus den gebeizten Kaninhaaren erhaltenen Fache von 100g wurden, jede Versuchsserie für sich zusammen auf denselben Maschinen gefilzt und alle auf dasgleiche Endmaß von 28 x 40 cm gewalkt.
Hierbei wurde streng darauf geachtet, daß die Walktemperaturen,
das Flottenverhältnis sowie der pH-Wert der Walkflotten konstant
gehalten wurden. Auf Grund dieser strengen Versuchsbedingungen
war es möglich all zu große Unterschiede in den Ergebnissen
zwischen den 3 Hutfabriken zu vermeiden.

7.3.3 Beizversuche

Alle Felle wurden maschinell gebeizt. Hierbei wurde die Beizlösung mittels einer Dosierpumpe zugegeben, so daß eine gleich-
mäßige Beizung gewährleistet wurde. Die Bürsten der Beizmaschi-
ne waren so eingestellt, daß die Beiztiefe bei maximal 40-50%
lag. Getrocknet wurden die Felle auf einem Bandtrockner in einem Trockenkanal, wobei die Eingangstemperatur bei ca.115° und
die Endtemperatur bei ca.50° lagen. Die Bandgeschwindigkeit war
so eingestellt, daß die Felle innerhalb 15 Minuten trocken waren.
Die getrockneten Felle wurden dann nach 2-tägiger Lagerung leicht
gebürstet und auf Schneidemaschinen vom Haar befreit.

7.3.4 Fachen und Färben

Vor dem Fachen der gebeizten Haare wurden diese 2 x geblasen,
um das Haar von Grannen,Fellstückchen und sonstigen Verunreini-
gungen weitgehend zu befreien. Die Fachgröße lag bei allen
Proben bei ca. 75 dm^{2}, das Fachgewicht bei 110 g.
Für das Färben wurden in allen Fällen die sauren Egalisierungs-
farbstoffe eingesetzt. Gefärbt wurde auf Apparaten vom Typ
MEZZERRA (bewegte Flotte, bewegtes Material) Auf diese Weise
war es möglich alle Stumpen einer Versuchspartie zusammen zu
färben.

7.4 Beschreibung der Versuche

7.4.1 Metallsalzfreie Beizen

Von der Darstellung der zahlreichen Laborversuche im einzelnen
soll hier abgesehen werden, da es sich ausschließlich um Tauch-
beizversuche unter Verwendung von jeweils 20g Haar handelt. Der
Zweck war es zunächst einmal im Kleinen optimale Versuchsbedingungen auszuarbeiten, um die hohen Kosten der technischen Beizversuche in Grenzen zu halten. Für die Bewertung der Beizwirkung
wurden der Cystingehalt, die Alkalilöslichkeit sowie die Säurelöslichkeit herangezogen. Filz-und Walkteste nach dem Aachener
Schütteltest entfielen, da tauchgebeizte Haare nur sehr schlecht
filzen und walken.

Für die Praxisversuche selbst können nachfolgend aufgeführte
Beizansätze als weitgehend optimal angesehen werden.

1. Ammoniumpersulfatlösung (30-50g/l), auf pH 5 - 6 eingestellt.
2. Kalium-Monoperschwefelsäure(Caroat) 30-50g/l auf pH 5 - 6
   eingestellt, eventuell mit Zusatz von Soltex 14 .
3. Peressigsäurelösung 2-5%-ig.
4. Ammoniumthioglykolatlösung, 5-%ig auf pH 10 eingestellt.
5. Formamid-Wasserstoffperoxidlösung
   2,0 Teile Formamid
   1,0 Teile Wasserstoffperoxid (35%)
   0,2 Teile Salzsäure (35%)
   6,8 Teile Wasser

7.4.2 Metallsalzhaltige Beizen

Typ I Salzsäure/ Wasserstoffperoxid + Metallsalz (5og/l Beize)

   1,3 Teile Salzsäure (35%)
   1,5 Teile Wasserstoffperoxid (35%)
   7,2 Teile Wasser + 500g Zirkonoxichlorid,Thoriumnitrat oder
   Aluminiumsulfat alleine bzw. in Mischung

Typ II Salpetersäure/ Wasserstoffperoxid + Metallsalz (5og/l Beize)

   0,6 Teile Salpetersäure (65%)
   1,5 Teile Wasserstoffperoxid (35%)
   7,9 Teile Wasser + 500g Zirkonoxichlorid, Thoriumnitrat oder
   Aluminiumsulfat alleine bzw. in Mischung

Neben den aufgezählten Beizlösungen wurden zum Vergleich die zur
Zeit üblichen Beizen, wie die
   Salzsäure/Wasserstoffperoxidbeize
   Salpetersäure/Wasserstoffperoxidbeize und die
   klassische Quecksilberbeize mit ca. 50g Quecksilber/l

in die Versuche mit einbezogen.

In der Tabelle 1 haben wir die chemischen Daten, wie Alkalilöslichkeit, Säurelöslichkeit und Cystingehalt der unter Verwendung
der zuvor aufgezählten Beizlösungen gebeizten Kaninhaare zusammengestellt.

Tabelle 1

Alkalilöslichkeit, Säurelöslichkeit und Cystingehalt von gebeiztem Kaninhaar. Metallfreie Beizen

Beiztyp	Alkalilös- lichkeit %	Säurelös- lichkeit %	Cystin- gehalt %
I Ammoniumpersulfat 50g/l	22,4	19,5	10,2
II Kalium-Monopersulfat 50g/l	28,9	19,4	9,6
III Peressigsäure, 2-%ige Lösung	35,1	22,6	5,4
IV Ammoniumthioglykolat 5-%ige Lö- sung, pH-Wert 10,2	35,4	18,6	7,6
V Formamid/Wasserstoffperoxid- lösung	43,0	20,8	5,5
VI Wasserstoffperoxid/Salzsäure	41,8	23,9	6,5
VII Wasserstoffperoxid/Salpetersäu- re	43,5	25,2	5,9
Kaninhaar ungebeizt	15,8	14,2	12,2

Wie wir der Tabelle 1 entnehmen können, wird das Haar durch die
Beizansätze I u. II am wenigsten geschädigt. Die höchste Schädigung des Haares wird durch die Beizansätze V, VI u. VII erzielt,
ein Befund, der seit langem bekannt ist. Die Beizlösungen III u.
IV liegen in etwa dazwischen, d.h. sie schädigen das Haar beim
Beizen weit weniger, verglichen mit den Beizen V - VII. Die merklich geringere Schädigung des gebeizten Haares bei den Beiztypen
I - IV führen wir darauf zurück, daß diese Beizchemikalien in
erster Linie die Cystinbindungen im Haar spalten. Bei den Beiztypen V-VII kommt es neben einer Cystinspaltung noch in beträcht-
lichem Ausmaß zu einer Peptidspaltung. Letztere ist die Ursache
für die erhöhte Schädigung des Haares.
In der Tabelle 2 sind die technischen Daten, wie Reißkraft,Reiß-
dehnung und Dichte von gefärbten Hutfilzen, die unter Verwendung
der in Tabelle 1 aufgeführten Beiztypen hergestellt wurden, zusammengestellt. In der Tabelle 3 sind Reißkraft und Dichte von
in 3 verschiedenen Hutfabriken hergestellten und gefärbten Hutfilzen gegenübergestellt.

Tabelle 2

Reißkraft und Reißdehnung sowie Filzdichte von gefärbten Hutfilzen

Beiztyp	Reißkraft in kp	Reißdehnung in %	Dichte g/cm^3
Ammoniumpersulfatlösung, 50g/l	39,4	66	0,355
Kalium-Monoperschwefelsäure, 50g/l	40,1	69	0,360
Peressigsäurelösung, 2-%ig	36,4	67	0,375
Ammoniumthioglykolatlösung, 5-%ig	35,9	71	0,365
Formamid/Wasserstoffperoxidlösung	33,6	75	0,380
Salzsäure/ Wasserstoffperoxidlösung	34,5	68	0,390
Salpetersäure/Wasserstoffperoxidlösung	35,8	71	0,390

Tabelle 3

Reißkraft und Filzdichte von gefärbten Hutfilzen. Vergleich zwischen 3 Hutfabriken

Beiztyp	Reißkraft in kp			Dichte		
	A	B	C	A	B	C
Ammoniumpersufatlösung, 50g/l	39,4	40,2	42,1	0,35	0,35	0,36
Kalium-Monoperschwefelsäure, 50g/l	40,1	39,1	40,7	0,36	0,36	0,37
Peressigsäurelösung, 2-%ig	36,7	37,8	37,2	0,37	0,38	0,37
Ammoniumthioglykolatlösung, 5-%ig	35,9	36,8	37,8	0,37	0,37	0,38
Formamid/Wasserstoffperoxidlösung	33,6	34,9	32,6	0,38	0,38	0,38
Salzsäure/Wasserstoffperoxidlösung	34,5	36,1	33,4	0,39	0,39	0,40
Salpetersäure/Wasserstoffperoxidlösung	35,8	34,3	35,1	0,39	0,40	0,40

Die in den Tabellen 2 und 3 dargestellten Werte zeigen, daß die unter Verwendung der Beizlösungen 1 - 4 hergestellten Filze höhere Festigkeiten aufweisen, verglichen mit den unter Verwendung der Beizlösungen 5 - 7 erhaltenen Filze. Dieser Befund bestätigt die in der Tabelle 1 aufgeführten Ergebnisse, wonach die Beizen 5 - 7 eine höhere Schädigung der Haare bewirken.

Die Dehnungswerte zeigen keine merkliche Abhängigkeit vom Beiztyp, während die Filzdichten bei Verwendung der Beiztypen 5 - 7 am höchsten sind. Dieser Befund hängt mit der unterschiedlichen Walkfähigkeit der mit verschiedenen Beizlösungen gebeizten Haare zusammen. In der Abbildung 1 haben wir einige Walkkurven dargestellt. Wie wir sehen, ist die Walkgeschwindigkeit bei den Beiztypen 1 und 2 niedriger, verglichen mit den Typen 6 und 7. Dazwisxhen liegen die Beiztypen 3 und 4. Aus allen Beizpartien ließen

sich jedoch Filze der vorgeschriebenen Größe 28 x 40 cm herstellen. Die erforderliche Zeit hängt jedoch von der Walkgeschwindigkeit ab. Je höher die Walkfähigkeit einer Beizprobe
umso geringer die Zeit bis zur Erreichung des vorgeschriebenen Endmaßes von 28 x 40 cm.
Beim Vergleich der mit den 7 Beiztypen erreichten Walkfähigkeit zeigte sich, daß mit Ammoniumthioglykolat gebeiztes Kaninhaar bereits bei niedrigen Temperaturen sehr gut walken, während
bei der Peressigsäurebeize die Haare mit steigender Walktem-
peratur auch besser walken. Die geringere Walkgeschwindigkeit
der mit Ammoniumpersulfat und Kalium-Monoperschwefelsäure gebeizten Kaninhaare läßt sich durch Zusätze von kolloidalen
Kieselsäure-oder Aluminiumoxidlösungen (Soltex 14 bzw. 28)
in Mengen von 1-2% zur Beizlösung verbessern. Trotz der geringeren Walkgeschwindigkeit der gebeizten Kaninhaare lassen
sich Hutfilze guter Qualität herstellen. Der Zeitaufwand ist
allerdings um 10-20% größer. Dafür kann die Qualität der
fertig konfektionierten Hüte und vor allem die Formbeständig-
keit als gut bis sehr gut bezeichnet werden, wie Trageversuche
immer wieder gezeigt haben.
Die höchste Walkgeschwindigkeit wird bei den Beiztypen 5 - 7
erzielt. Etwas niedriger liegt die Walkgeschwindigkeit bei den
Beiztypen 3 und 4. Infolge der höheren Schädigung des Haares
bei den Beizen 3 - 7 und hier vor allem bei den Beizen 5 - 7
liegen die Ergebnisse der Tragversuche unter denen, die mit
den Beizen 1 und vor allem 2 erhalten werden.

7.4.2 Metallsalzhaltige Beizen

Die ersten, um 1730 bekanntgewordenen Beizen zur Verbesserung
der Filz-und Walkfähigkeit von Kanin-und Hasenhaar bestanden
aus einer Lösung von Quecksilber in Mineralsäuren, bevorzugt
Salpersersäure. Die Anwesenheit von Quecksilber in der Mineral-
säure bewirkt nicht nur eine Verbesserung der Walkfähigkeit des
Haares, sondern erhöht gleichzeitig auch den Glanz und die
Stämmigkeit desselben. Die beiden zuletzt genannten Eigenschaften machen diesen Beiztyp, der laufend verbessert wurde, zur
Herstellung hochwertiger Velourhüte unentbehrlich.

Bedauerlicherweise sind lösliche Quecksilbersalze sehr giftig.
Aus diesem Grunde hat man bereits in den 20-iger Jahren nach
einer quecksilberfreien Beize gesucht. Die in diesem Zusammenhang vorgenommenen Untersuchungen haben dann zu den noch heute
gebräuchlichen mineralsauren Wasserstoffperoxidlösungen geführt,
wobei als Säuren vorwiegend Salz-und Salpetersäure verwendet
werden. Allerdings erreicht man mit diesen Beizen nicht die
Filzqualitäten, wie sie mit Quecksilberbeizen erreichbar sind.
Dies gilt vor allem für die Festigkeit, Dichte und Glanz des
Filzes. Dieser Befund wird von uns darauf zurückgeführt, daß
bei der Quecksilberbeize das Quecksilberion in das Proteingerüst
der Haar chemisch eingebaut wird und durch Vernetzungsreaktio-
nen das gebeizte Haar stabilisiert. Auf diese Weise wird die
durch Spaltung von Peptidbindungen verursachte Schädigung
weitgehend ausgeglichen.
Im Rahmen des vorliegenden Berichtes soll nun über Versuche
berichtet werden, das Quecksilber in den Beizlösungen durch
andere, möglichst wenig oder gar ungiftige Metalle zu ersetzen. Frühere Versuche unter Verwendung von Blei, Cadmium und
Zink hatten zu keinen brauchbaren Ergebnissen geführt, obwohl
die Metallionen ebenfalls durch die Haarproteine gebunden werden können, wenn auch zu einem geringeren Anteil, verglichen
mit Quecksilberion. (13) Heute zählen jedoch auch diese Metalle
zu den Substanzen, die möglichst nicht in Abwässer vorhanden
sein sollten.
Für unsere Untersuchungen haben wir auf wasserlösliche Salze
der Elemente Zirkon, Thorium und Aluminium zurückgegriffen.
Titan-und Zinnsalze konnten nicht verwendet werden, da diese
mit Wasserstoffperoxid farbige Verbindungen ergeben. Die vor-
gehend genannten Metallsalze wurden gewählt, da bekannt ist,
daß diese gerbende Eigenschaften besitzen, d.h. chemisch mit
dem Haarprotein reagieren können (14).
Für die Beizversuche selbst wurden nachfolgende Salze verwendet,

$$\text{Zirkonoxichlorid} \ (\ \text{ZrOCl}_2)$$
$$\text{Thoriumnitrat} \ (\ \text{Th(NO}_3)_2\ \text{und}$$
$$\text{Aluminiumsulfat} \ (\ \text{Al}_2(\text{SO}_4)_3$$

und zwar in Mengen von 50g/1 Beizlösung . Diese Mengen wurden
den nachfolgend aufgeführten Beizansätzen zugegeben.

<u>Beiztyp A</u> :   1,5 Teile Wasserstoffperoxid, 35%-ig
                1,3 Teile Salzsäure 35%-ig und
                7,2 Teile Wasser

<u>Beiztyp B</u>:   1,5 Teile Wasserstoffperoxid 35%-ig
                0,6 Teile Salpetersäure 65%-ig und
                7,9 Teile Wasser

Nach dem Beizen der Felle wurden diese vor dem Trocknen etwa
1 Stunde abgelagert und dann wie bereits beschrieben innerhalb 15 Minuten im Trockenkanal bei ca. 115°C getrocknet.
Hierbei waren wir bemüht bei allen Beizversuchen die aufgetra-
gene Beizmenge möglichst konstant zu halten. Der durch Wiegen
der gebeizten Felle ermittelte Wert lag bei 0,68 - 0,75 Liter/
1kg Haar.
Zum Vergleich der Beizwirkung wurden Versuche mit den oben
angegebenen Beiztypen A und B, jedoch ohne Salzzusatz, einerseits sowie mit einer klassischen Quecksilberbeizlösung andererseits durchgeführt und die im einzelnen erhaltenen Ergebnisse
miteinander vergleichen.
Aus dem durch Schneiden der Felle erhaltenem Haar wurden dann
in 3 verschiedenen Hutfabriken Stumpen als auch fertig konfek-
tionierte Hüte hergestellt. Gefärbt wurden die Filze ebenfalls
mit sauren Egalisierungsfarbstoffen. In der nachfolgenden
Tabelle 4 wurde die Alkalilöslichkeit, die Reißkraft sowie die
Filzdichte von Vorversuchen zusammengestellt.

Tabelle 4

Einfluß der Beizlösung auf die Alkalilöslichkeit, die Reißkraft
sowie die Filzdichte.

Beiztyp	Alkalilöslich-keit in %		Reißkraft in kp		Dichte g/cm^3	
	Typ A	Typ B	Typ A	Typ B	Typ A	B
Quecksilberbeize	30,9		45,6		0,41	
Typ Wasserstoffperoxid mineralische Säure						
mit 50g/1 $ZrOCl_2$	33,2	35,1	38,9	40,5	0,40	0,40
mit 50g/1 $Th(NO_3^2)_2$	35,1	35,6	36,8	38,9	0,39	0,39
mit 50g/1 $Al_2(SO_4)_2$	38,6	39,5	34,2	35,8	0,39	0,39
ohne Metallsalzzusatz	41,8	43,5	34,6	35,8	0,40	0,40

Tabelle 5

Alkali-und Säurelöslichkeit sowie der Cystingehalt der technisch gebeizten Kaninhaarproben. Metallsalzhaltige Muster

Art der Beize	Alkalilöslichkeit %	Säurelöslichkeit %	Cystingehalt %
Zahmkaninhaar, unbehandelt	15,8	14,2	12,2
klassische Quecksilberbeize	30,6	20,5	6,7
Beize Typ I, ohne Zusatz	41,8	23,9	6,5
Beize Typ II, ohne Zusatz	43,5	25,2	6,2
Beize Typ I mit 5og $ZrOCl_2$	33,5	22,6	6,8
Beize Typ I mit 5og $Th(NO_3)_2$	35,4	23,1	7,2
Beize Typ I mit 5og $Al_2(SO_4)_3$	38,4	23,3	6,7
Beize Typ I mit 30g $ZrOCl_2$ + 2og $Th(NO_3)_2$	35,9	22,9	6,6
Beize Typ I mit 3og $ZrOCl_2$ + 2og $Al_2(SO_4)_3$	40,1	24,4	6,5
Beize Typ I mit 25g $Th(NO_3)_2$ + 25g $Al_2(SO_4)_3$	39,5	23,7	7,1
Beize Typ II mit 50g $ZrOCl_2$	34,7	22,9	7,2
Beize Typ II mit 5og $Th(NO_3)_2$	36,3	23,5	7,0
Beize Typ II mit 5og $Al_2(SO_4)_3$	38,7	24,1	6,8
Beize Typ II mit 3og $ZrOCl_2$ + 2og $Th(NO_3)_2$	35,4	22,6	7,0
Beize Typ II mit 30g $ZrOCl_2$ + 20g $Al_2(SO_4)_3$	37,7	23,8	6,6
Beize Typ II mit 25g $Th(NO_3)_2$ + 25g $Al_2(SO_4)_3$	39,5	23,6	6,7

Wie aus den vorliegenden Tabellen 4 und 5 hervorgeht, verhalten sich die Beizen unter Verwendung der Grundtypen I und II sehr ähnlich. Wie man deutlich sieht, wirkt sich der Zusatz von Metallsalzen günstig auf die Alkalilöslichkeit im Sinne einer Verminderung aus, obwohl die Werte der reinen Quecksilberbeize noch nicht erreicht werden. Die besten Ergebnisse werden unter Verwendung von Zirkonoxichlorid als Metallsalz erhalten. Auch Thoriumnitrat ergibt deutliche Verbesserungen, während Aluminumsulfat in seiner die Alkalilöslichkeit herabsetzenden Eigenschaften die geringste Wirkung zeigt.

Die Verminderung der Alkalilöslichkeit als auch die Verbesserung

der Reißkraft deuten auf eine chemische Reaktion der Metallionen mit dem Faserprotein hin. Allerdings reagiert das Quecksilberion in weit höherem Ausmaß, verglichen mit den von uns
verwendeten Zirkon,-Thorium - und Aluminiumionen.
Beim Färben der unter Verwendung der in den Tabellen 4 - und 5
aufgeführten Beizlösungen hergestellten Hutfilzen wurden keine
merklichen Unterschiede festgestellt. Alle Filze ließen sich ein-
wandfrei mit den sauren Egalisierungsfarbstoffen färben. Die erhaltenen Farbechtheiten waren ebenfalls unverändert.
In der Tabelle 6 haben wir die Ergebnisse von Walkversuchen in
3 verschiedenen Hutfabriken zusammengefaßt. Wie wir erkennen können, liegen die erhaltenen Ergebnisse bezüglich der Reißkraft
sowie Filzdichte in erstaunlich engen Grenzen. Diesen Befund führen wir darauf zurück, daß die Verarbeitungsbedingungen genau
vorgeschrieben wurden. Auch hier zeigen die Versuchsergebnisse
im einzelnen den günstigen Einfluß der Mineralsalzzusätze auf
die Reißkraft einerseits und die Alkalilöslichkeit andererseits.

Tabelle 7

Reißkraft und Filzdichte: Vergleich der Ergebnisse in 3 verschiedenen Hutfabriken.

Art der Beizung	Reißkraft in kp			Filzdichte in g/cm^3		
	A	B	C	A	B	C
Typ I + 5og $ZrOCl_2$	38,4	40,1	41,6	0,39	0,39	0,40
Typ II + 5og $ZrOCl_2$	37,5	39,2	40,7	0,39	0,39	0,40
Typ I + 5og $Th(NO_3)_2$	37,3	4o,7	40,1	0,39	0,39	0,40
Typ II + 5og $Th(NO_3)_2$	38,0	38,5	41,2	0,39	0,38	0,41
Typ I + 5og $Al_2(SO_4)_3$	35,9	37,1	38,6	0,38	0,39	0,40
Typ II + 5og $Al_2(SO_4)_3$	36,2	36,9	39,4	0,38	0,38	0,39
Typ I ohne Salzzusatz	33,8	35,2	35,9	0,39	0,39	0,40
Typ II ohne Salzzusatz	34,1	33,9	34,2	0,40	0,39	0,40

In der Abbildung 2 sind die Walkkurven von mit Quecksilberbeize,
sowie den Beiztypen I und II mit und ohne Metallsalz dargestellt.
Wie wir feststellen können, walken die mit der klassischen Quecksilberbeize gebeizten Kaninhaare langsamer, verglichen mit den

unter Verwendung der Beiztypen I und II hergestellen Beizmuster.
Die höchste Walkgeschwindigkeit zeigen die Beiztypen I und II
ohne Salzzusatz. Zwischen den Beiztypen I und II sind die Unterschiede gering. Sie liegen innerhalb der Fehlergrenze der Meß-
methode. In diesem Zusammenhang sei noch darauf hingewiesen, daß
es sich bei den Walkkurven nur um allgemeine Hinweise handelt,
die jedoch in ihrer Art verbindlich sind. Hinsichtlich der erhaltenen Filzqualität sei darauf hingewiesen, daß Filzqualität
und Walkgeschwindigkeit nicht unbedingt parallel verlaufen. Eine
hohe Walkgeschwindigkeit bedeutet nicht auch gleichzeitig eine
gute Filzqualität.

8. Diskussion der Beizversuche

Die vorliegenden Beizversuche einschließlich der erhaltenen
Ergebnisse haben gezeigt, daß es durchaus möglich ist, die zur
Zeit gebräuchlichen Beizen zur Verbesserung der Walkfähigkeit
der Kanin-und auch Hasenhaare durch solche Beizchemikalien zu ersetzen, die die Umwelt als auch den Arbeitsplatt weniger belasten. Die neuen Beizlösungen unter Verwendung von Peressigsäure,
Kalium-Monoperschwefelsäure, Ammoniumpersulfat oder auch Ammoniumthioglykolat sind allerdings teurer, verglichen mit den
heute gebräuchlichen Beizlösungen auf Basis Wasserstoffperoxid/
mineralische Schäuren. Berücksichtigt man jedoch, daß die neuen
Beizchemikalien bei weitem nicht so stark korrodierend auf die
Anlagen wirken, so gleichen sich die höheren Kosten im Laufe
der Zeit an.
Der Ersatz der klassischen Quecksilberbeize, dies gilt auch für
die modifizierte Quecksilbersulfatbeize, ist jedoch im Augen-
blick nur zum Teil möglich. Die neuen von uns entwickelten Beizen unter Verwendung von Zirkonoxichlorid, Thoriumnitrat sowie
Aluminiumsulfat führen zwar zu einer Verbesserung der bisherigen
mineralsalzfreien Beizen, erreichen jedoch die mit Quecksilberbeize erreichbaren Ergebnisse hinsichtlich Glanzerhöhung und
Standfähigkeit des Haares nicht. Diese technologischen Eigenschaften sind für die Herstellung hochwertiger Velourqualitäten
unbedingt erforderlich. Vor allem die Glanzerhöhung fehlt bei
den neuen Ersatzbeizen fast völlig.
Um einen Einblick in den Chemismus beim Beizen mit den metall-

und metallsalzfreien Beizlösungen zu ermöglichen, wurde die Aminosäurezusammensetzung an Haarproben vor und nach dem Beizen bestimmt. Die Herstellung der Beizproben erfolgte durch Tauchen von je 10g Kaninhaar während 5 Minuten bei ca. 20° in 500 ml der mit 0,5g Rapidnetzer versetzten Beizlösung. Danach wurden die Proben durch Zentrifugieren auf eine Beizaufnahme von ca. 80% gebracht und anschließend 30 Minuten bei 80° in einem Ventilatortrockenschrank unter 20% Frischluftzufuhr getrocknet. Art und Zusammensetzung der verwendeten Beizlösungen sind aus der Tabelle 7 zu entnehmen.

<u>Tabelle 7</u>

Zusammensetzung der verwendeten Beizlösungen

Beiztyp	Zusammensetzung
HCl/H_2O_2 (2)	15 Teile HCl(36%)+15 Teile H_2O_2 (35%) + 70 Teile Wasser
HNO_3/H_2O_2 (3)	8 Teile HNO_3(66%)+ 15 Teile H_2O_2(35%) + 77 Teile Wasser
Peressigsäure (4)	2%-ige Peressigsäure + freie Essigsäure
Quecksilberbeize (5)	techn.Beizlösung, 11°Bé, ca.58g/ Hg
Thioglykolsäure (6)	5%-ige Thioglykolsäure mit Ammoniaklösung auf pH ca. 10 eingestellt
Kalium-Monoperschwefelsäure (7)	50g Caroat/1 mit Ammoniak auf pH 5-6 eingestellt.
Metallsalzbeize (8)	8 Teile HNO_3(66%) + 15 Teile H_2O_2(35%) + 77 Teile Wasser + 50g $ZrOCl_2$

Die unter Verwendung der Methode von Stein und Moore bestimmten Aminosäuren sind in der Tabelle 8 zusammengestellt. Wie wir sehen, werden besonders die Aminosäuren Cystin, Tyrosin und Tryptophan angegriffen, wobei als Oxidationsprodukt des Cystins Cysteinsäure gebildet wird. Daneben wird auch Arginin merklich angegriffen. So ließ sich bei den Wasserstoffperoxidhaltigen Beizlösungen, d.h. bei den mit diesen Beizen gebeizten Kaninhaaren Ornithin nachweisen. Die anderen Aminosäuren zeigen dagegen nur geringe Änderungen in ihrer Konzentration. Diese dürften hauptsächlich auf Reaktionen der Beizchemikalien beim Konzentrieren und Eintrocknen auf der Haaroberfläche mit dem Haarprotein zurückzuführen sein. Wäscht man nämlich vor dem Trocknen die gebeizten Kaninhaare säurefrei und trocknet im Vakuum, so findet man außer mit den Aminosäuren Cystin, Tyrosin und Tryptophan keine nennenswerten Reaktionen mit den anderen Aminosäuren (15). Der stärkste Angriff der verschiedenen Beiztypen erfolgt beim Cystin, während das Tyrosin und das Tryptophan weniger stark angegriffen werden. Dieser Untersuchungsbefund stimmt mit Untersuchungen von Ikeda (16) gut überein.

Um einen weiteren Einblick in den Chemismus beim Beizen zu erreichen, wurden außerdem die wichtigsten Aminoendgruppen vor und nach dem Beizvorgang bestimmt. In der Tabelle 9 sind die Ergebnisse für die ätherlöslichen DNP-Aminosäuren und in der Tabelle 10 die für die ätherunlöslichen DNP-Aminosäuren zusammengestellt.

<u>Tabelle 8</u>

Aminosäurezusammensetzung der gebeizten Kaninhaarproben in % vom Trockengewicht.

Aminosäuren	unbe-handelt	Beiztypen (Tab. 7)					
		2	3	4	5	6	8
Lysin	3,oo	2,88	2,92	2,82	2,94	2,95	2,92
Histidin	1,66	1,61	1,48	1,55	1,51	1,62	1,47
Arginin	7,57	6,6o	6,63	6,71	6,64	7,45	6,68
Cysteinsäure	0,79	6,81	9,8o	2,74	6,32	o,47	7,25
Asparaginsäure	5,43	5,49	5,o2	4,97	4,98	5,36	4,95
Threonin	5,23	5,o6	4,26	4,66	4,76	5,22	4,28
Serin	8,69	8,56	8,17	8,11	8,26	8,48	8,35
Glutaminsäure	15,45	14,87	14,56/14,15	14,14	15,31		14,65
Prolin	7,o2	6,7o	4,93	6,7o	6,43	7,13	5,65
Glycin	4,56	4,37	4,43	4,o2	4,11	4,47	4,2o
Alanin	3,37	3,16	3,29	2,61	3,13	3,21	3,26
Cystin	12,o4	5,49	0,58	8,99	5,78	8,o2	3,95
Valin	4,13	3,91	3,72	3,28	3,74	3,8o	3,75
i-Leucin	2,34	2,3o	2,11	1,97	2,43	2,28	2,2o
Leucin	6,35	6,o5	5,85	5,65	5,71	6,13	6,o2
Tyrosin	3,47	1,51	1,24	3,oo	1,73	2,8o	1,65
Phenylalanin	2,87	2,77	2,4o	2,52	2,63	2,73	2,65
Tryptophan	o,5o	0,01	0,o1	0,o1	0,o2	0,32	0,o1

Die hier aufgeführten Werte stellen natürlich keine absoluten Werte dar, da beim Hydrolysieren immer ein gewisser Verlust auftritt. Da unter konstanten Bedingungen hydrolysiert wurde, sind die erhaltenen Werte untereinander jedoch vergleichbar.

Tabelle 9

Endständige Aminosäuren,bestimmt als ätherlösliche
DNP - Aminosäuren

Beiztyp	Konzentration in m-Mol/g Haar						
	Asp	Glu	Ser	Thr	Gly	Ala	Val
ungebeizt	o,4o	1,16	o,92	3,99	1,34	o,75	o,84
HCl/H_2O_2	3,39	8,o3	1o,99	9,76	24,45	4,48	1,21
HNO_3/H_2O_2	2,11	5,o5	9,33	5,23	13,87	2,88	1,o8
Peressigsäure	o,67	2,33	1,63	4,9o	5,31	1,23	o,74
Quecksilberbeize	o,67	1,31	5,58	5,26	2,33	1,19	1,o1
Thioglykolsäure	o,34	o,61	1,o7	4,49	2,17	o,74	o,65
Metallsalzbeize	2,o1	4,21	6,91	5,25	11,65	2,oo	1,o5
Kalium-Monoper-schwefelsäure	o,58	1,85	1,25	4,45	2,85	o,84	o,88

Tabelle 10

Bestimmung von reaktionsfähigem Cystein, Lysin und Tyrosin,
bestimmt als ätherunlösliche DNP-Aminosäuren

Beiztyp	Konzentration in m-Mol/g Haar		
	S-DNP-CysH	Ne-DNP-Lys	O-DNP-Tyr
ungebeizt	13,59	117,46	1o2,74
HCl/H_2O_2	42,48	145,1o	8o,46
HNO_3/H_2O_2	24,52	114,33	48,37
Peressigsäure	55,74	131,81	128,99
Quecksilberbeize	1,21	125,57	85,71
Metallsalzbeize	5,99	131,45	74,45
Kalium-Monoperschwefel-säure	20,14	13o,32	121,34
Thioglykolsäure	127,17	134,36	131,63

Wie die vorliegenden Ergebnisse zeigen, unterscheiden sich die
verschiedenen Beiztypen in ihrer Einwirkung auf das Kaninhaar
deutlich. So führen die auf Basis Wasserstoffperoxid/minerali-
sche Säure aufgebauten Beizlösungen zu einer deutlichen, an
verschiedenen Stellen stattfindenden Peptidspaltung, wobei die
Bildung neuer Glycinendgruppen besonders auffällt. Bei den
mineralsalzhaltigen Beizen (Quecksilberbeize und Metallsalzbeize) wird dagegen nur eine deutliche Erhöhung der Serinend-
gruppen beobachtet. Hierbei dürfte es sich um eine N -- O -
Acylwanderung des Serins handeln, wie sie von Zahn und Hille(17)
für Serin und Theronin beim Karbonisieren von Wolle, sowie von
Fröhlich und Hille für Kaninhaar (18) nachgewiesen wurde.

Die Spaltung von Peptidketten tritt bei der Quecksilberbeize,
der Peressigsäurebeize, der Kalium-Monoperschwefelsäurebeize
und vor allem der Ammoniumthioglykolatbeize stark in den Hin-
tergrund. Die Bestimmung von reaktionsfähigen Cystin-, Lysin-
und Tyrosinendgruppen (vgl. Tabelle 10) an gebeiztem und un-
gebeiztem Haar zeigt, daß sich die Aminoendgruppe des Lysins
an den chemischen Reaktionen zwischen Haarkeratin und den verschiedenen Beizchemikalien praktisch nicht beteiligt. Im Ge-
genteil, es bilden sich sogar neue aktive Aminoendgruppen.
Die Bildung neuer SH-Gruppen (Cystein) beim Beizen mit Ammoniumthioglykolat sowie die Blockierung dieser Gruppen durch
die Quecksilberbeize und in geringerem Umfang auch durch die
Metallsalzbeize, waren zu erwarten. Überraschend ist dagegen
die deutliche Erhöhung des Gehaltes an SH-Endgruppen durch
die verschiedenen oxidativ wirkenden metallsalzfreien Beizen.
Die Reduzierung der freien phenolischen Hydroxylgruppen des
Tyrosins durch die stark mineralsauren Beizen war zu erwarten,
während bei den schwachsauren sowie alkalischen Beizen, wie
Peressigsäure, Kalium-Monoperschwefelsäure, Ammoniumpersulfat
und Ammoniumthioglykolat eine leichte Erhöhung der freien
phenolischen Hydroxylgruppen festgestellt werden konnte.
Wenn wir die Ergebnisse der Aminosäureuntersuchungen zusammenfassend betrachten, so hat sich gezeigt, daß die Gegenwart
von mineralischen Säuren, wie Salzsäure oder Salpetersäure
in den Beizlösungen zu einer zusätzlichen Spaltung von Peptidketten führt, die vor allem bei den wasserstoffperoxidhaltigen Beizlösungen in Erscheinung tritt. Bei den mineralsäure-
freien Beizlösungen spielt die Peptidspaltung dagegen eine
völlig untergeordnete Rolle, was zu einer deutlichen Verminderung der Haarschädigung führt. Bei den metallsalzhaltigen
Beizlösungen und hier besonders bei der Quecksilberbeize wird
die Haarschädigung durch eine zusätzliche Vernetzung von Peptidketten über SH-Gruppen(Cysteingruppen) deutlich vermindert.
Der starke Angriff auf das Cystin ist jedoch allen Beizlösungen eigen. Die Cystinspaltung muß daher als eine wichtige Vor-
aussetzung für die eigentliche Beizreaktion angesehen werden.
In der abschließenden Tabelle 11 ist der Zusammenhang zwischen Spontankräuselung, Walkfähigkeit und Chemismus beim

Beizen zusammengestellt. Die Spontankräuselung haben wir in die
Betrachtungen aufgenommen, weil frühere Autoren der Spontankräuselung, d.h. ein Kräuseln der Haarspitzen in kochendem Wasser,
eine besondere Bedeutung zugeschrieben haben. (19)

<u>Tabelle 11</u>

Zusammenhang zwischen Spontankräuselung, Walkfähigkeit und
Chemismus in Abhängigkeit der verwendeten Beize.

Beiztyp	beteiligte Bin- dungen	Walkfähigkeit	Spontan- kräuse- lung
Mineralische Säure/Wasser- stoffperoxid, Quecksil- berbeize u. modifizier- te Mineralsalzbeizen	Cystin-Peptid- Wasserstoff-u. Salzbindungen	sehr gut	ja
Formamid/Wasserstoffper- oxid mit u. ohne Säure	Cystin-Wasser- stoff-u.Pep- tidbindungen	gut	ja
Peressigsäure/Essigsäure	Cystinbindungen u.Peptidbindungen	gut	ja
Kalium-Monoperschwefel- säure (pH ca. 5-6)	Cystinbindungen	befriedigend	nein
Ammoniumpersulfat,pH 5-6	Cystinbindungen	befriedigend	nein
Ammoniumthioglykolat,pH 10	Cystinbindungen	gut	ja
Sulfoxylat, Hydrosulfit Bisulfit	Cystin-u.Peptid- sowie Wasserstoff- brücken	gut	ja
Natronlauge + Faser- schutzmittel	Cystin-Peptid- und Wasserstoff- brücken	gut	ja
Salzsäure + Harnstoff	Peptid-und Wasser- stoffbrücken	keine	keine
Phenolbehandlung oder Harnstoffbehandlung	Wasserstoffbrücken	keine	keine

Zusammenfassend kann gesagt werden, daß die Spaltung von Cystinbindungen als entscheidende Reaktion für das Auftreten verbes-
serter Filz-und Walkfähigkeit angesehen werden kann. Eine zusätzliche Spaltungen von Wasserstoffbindungen wirkt sich dabei posi-
tiv aus. Eine Peptidspaltung in größerem Um fange ist dagegen
unerwünscht, da diese nur zu einer erhöhten Faserschädigung
führt. Diese wirkt sich vor allem in einer verminderten Festig-

keit sowie Bauschelastizität am Haar aus, d.h. die fertigen
Filze verlieren an Festigkeit, Fülle und Elastizität.

9.   Schlußbetrachtung und Zusammenfassung

Die vorliegenden Untersuchungen haben eindeutig gezeigt, daß
ein Ersatz der heute üblichen Haarbeizen auf Basis mineralische Säure/ Wasserstoffperoxid durch umweltfreundlichere Beizen möglich ist. So wurde gefunden, daß hier vor allem wäßrige Lösungen von Ammoniumpersulfat und Kaliummonoperschwefel-
säure(CAROAT) geeignet sind. Eine Belästigung der Beschäf-
tigten Arbeiter durch giftige Dämpfe am Arbeitsplatz und
ätzende Chemikalien entfallen weitgehend. Die Abluft aus den
Trockenkammern ist praktisch frei von schädlichen Abgasen.
Dies trifft auch weitgehend für die Abwässer zu, die ohne zusätzliche Behandlung den städtischen Abwässern zugeführt werden können. Die Korrosionwirkung dieser Beizchemikalien
auf Anlagen und Maschinen ist merklich vermindert, was sich
auf längere Zeit bezogen kostensenkend auswirkt.
Die Verwenung von Peressigsäure oder Ammoniumthioglykolat
führt ebenfalls zu einem gut walkfähigen Haar, jedoch weisen
diese Chemikalien ätzende Eigenschaften auf, d.h. sie sind
wenig hautfreundlich. Außerdem muß mit Geruchsbelästigung
gerechnet werden. Diese Nebenwirkungen lassen sich jedoch
durch geeignete Maßnahmen soweit beseitigen, so daß Schäden
ausbleiben.
Was die Quecksilber-Beizlösungen auf Basis Quecksilbersulfat/
Schwefelsäure und Quecksilbernitrat/Salpetersäure anbelan-
gen, so haben unsere Untersuchungen ergeben, daß es möglich
ist das Quecksilber zu ersetzen. Die von uns entwickelten
Ersatzbeizen unter Verwendung von Zirkonoxichlorid, Thoriumnitrat und Aluminiumsulfat ergeben ein gut walkendes Haar,
erreichen jedoch die speziellen Eigenschaften von nit Quecksilberbeizen gebeiztem Haar, wie erhöhter Glanz, verbesser-
te Elastizität und Standfestigkeit in noch nicht ausreichen-
dem Umfang. Diese speziellen Eigenschaften sind jedoch zur

Herstellung hochwertiger Velourhüte unbedingt erforderlich.
Die Tatsache, daß unsere Ersatzbeizen praktisch keine Glanzerhöhung beim Haar bewirken, führen wir auf die Anwesenheit
von Wasserstoffperoxid in der Beizrezeptur zurück. Aus Untersuchungen über die Reibungseigenschaften von gebeiztem
Haar geht hervor, daß Beizlösungen aus Wasserstoffperoxid
in Verbindung mit mineralischen Säuren eine stärkere Aufrauhung der Haaroberfläche verursachen, als Wasserstoffper-
oxidfreie Beizlösungen, wie z.B. Quecksilberbeize. Leider
sind geeignete Produkte zur Verbesserung des Glanzes von
Haar bisher nicht bekannt geworden. Die in der Haarkosmetik
verwendeten Produkte sind für Kanin-und Hasenhaar nicht geeignet.
Trotzdem stellen die Quecksilber-Ersatzbeizen eine interes-
sante Neuentwicklung dar, die geeignet sein dürfte eines Tages
die stark giftige Quecksilberbeize vollwertig zu ersetzen.

Die vorliegenden Untersuchungsergebnisse lassen sich wiefolgt
kurz zusammenfassen:
1. Es ist uns gelungen zu zeigen, daß die üblichen auf Basis
Salzsäure oder Salpetersäure/ Wasserstoffperoxid aufgebauten
Beizlösungen durch umweltfreundlichere Beizen ersetzt werden
können. Hier haben sich vor allem wäßrige Lösungen von jeweils
50g/ Liter Ammoniumpersulfat oder Kalium-Monoperschwefelsäure,
mit Ammoniak auf pH 5 - 6 eingestellt, bewährt. Die optimalen
Trockentemperaturen der gebeizten Felle liegen bei ca. 120°.
Der Beizauftrag soll 4 Liter Beizlösung / 100 Felle betragen.
2. Gute Ergebnisse werden auch mit 2-5%igen wäßrigen Lösungen
von Peressigsäure oder Ammoniumthioglykolat (pH ca. 10) erhalten. Die gebeizten Felle werden vorteilhaft bei 80-100°
getrocknet. Der Beizauftrag soll etwa 3 Liter Beizlösung/ 100
Felle betragen.
3. Die Feststellung der chemischen Kennzahlen an den gebeizten
Kaninhaaren ergab, daß die Schädigung der Haare durch die in
1 u. 2 aufgezählten Beiztypen deutlich vermindert ist, verglichen mit Haar, das unter Verwendung von Beizen auf Basis mineralische Säure/Wasserstoffperoxid erhalten wurde. Dieser Befund

wirkt sich vor allem günstig auf die technologischen Eigenschaften der gefertigten und gefärbten Hüte aus. So liegen die
Festigkeiten höher und im Griff sind die Filze vor allem voller
und fester. Auch in der Farbe erscheinen die zugerichteten
Hutfilze ruhiger und voller.

4. Die mineralsalzhaltigen Quecksilber-Ersatzbeizen haben ebenfalls gute Ergebnisse erbracht. Dies gilt vor allem für die
erreichbare Filz-und Walkfähigkeit des gebeizten Haares. Der
dem quecksilbergebeiztem Haar eigene hohe Glanz verbunden mit
hoher Elastizität und Standfestigkeit konnte mit den Ersatzbeizen noch nicht erreicht werden. Bewährt haben sich nachfolgende Beizansätze:

$$1,5 \text{ Teile Wasserstoffperoxid } (35\%)$$
$$0,6 \text{ Teile Salpetersäure } (65\%)$$
$$7,9 \text{ Teile Wasser und}$$
$$50,\text{o Gramm Zirkonoxichlorid/ Liter Beize}$$

Anstelle von 50g Zirkonoxichlorid kann auch eine Mischung aus
30g Zirkonoxichlorid + 20g Thoriumnitrat verwendet werden. Die
Salpetersäure kann durch 1,3 Teile Salzsäure (36%) ersetzt
werden. Anstelle von Thoriumnitrat kann auch Aluminiumsulfat
verwendet werden. Die Trockentemperaturen sollen bei 110-120°
liegen, der Beizauftrag bei ca. 3 Liter/ 100 Felle.

5. Die Ermittlung der chemischen Kennzahlen der mit den Quecksilber-Ersatzbeizen erhaltenen Haaren zeigte, daß die Schädigung
vermindert ist, jedoch zu einem geringeren Betrag, verglichen
mit der reinen Quecksilberbeize. Die fertigen Filze weisen
nach der Farbe eine ruhige Oberfläche auf. Festigkeit, Fülle
und Griff sind gut, erreichen jedoch nicht ganz die aus Quecksilber gebeiztem Haar gefertigten Filze.

6. Die neuen vorgestellten Haarbeizen sind weniger giftig und
belasten daher nicht nur den Arbeitsplatz in weit geringerem
Umfang, sondern auch die Abluft sowie das Abwasser. Dieser Befund stellt einen wichtigen Beitrag hinsichtlich der Verbes-
serungder Umweltfreundlichkeit von Haarbeizen in der prakti-
schen Anwendung dar. Preislich gesehen, liegen die neuen Haarbeizen jedoch ungünstiger.

10. Danksagung

Die vorliegende Arbeit wurde vom Minister für Wissenschaft
und Forschung des Landes Nordrhein-Westfalen gefördert. Für
die Überlassung von Versuchsmaterial, sowie die Durchfüh-
rung von Versuchen bin ich nachfolgenden Firmen zu Dank verbunden:

    Hutfabrik Hückel, Weilheim
    Hutfabrik Rockel, Alsfeld und Mayen
    Hutfabrik Wegener, Lauterbach-Blitzenrod
    Hutstoff-Industrie, Lahr

Weiter danke ich

Herrn Peter Hückel und Herrn Dipl.-Chemiker Gerd Czerny

für wertvolle Hilfe und Diskussionen.

11. Literaturverzeichnis

1. E.Böhm, DRP 527 012 vom 28.5.1931
2. G. Berg, Melliand Textber. 25, 110, 145 (1944)
   H.G.Fröhlich, Ztschr.f.ges. Textilind. 56, 32 (1954)
3. H.G.Fröhlich, Handbuch der Textilhilfsmittel,Chwala/Anger,
   Verlag Chemie 1977, 843-57; G.Blankenburg, Forschungsber.
   d.Landes NRW Nr. 1154, siehe dort weitere Literatur
4. G.Czerny, Deutsches Wollforschungsinstitut Bd. 68, 229(1975)
5. P.Hückel und H.G.Fröhlich, Textil-Praxis 7, 381,812 (1952)
   H.G.Fröhlich und E.Hille, Ztschr.ges.Textilind. 64, 48
   (1962); H.G.Fröhlich und J. Rau, Ztschr.ges.Textilind. 65,
   453 (1963); H.G.Fröhlich, Melliand Textilber. 42, 937(1961)
   und J.Text.Inst. 51,T1237 (1960)
6. H.G.Fröhlich und E.Hille, Ztschr.ges.Textilindu. 64, 48(1962)
7. G.Fröb, unveröffentlicht;vgl. auch Vortrag am 6.6.1956 in
   Lokeren/Belgien
8. H.Zahn, Textil-Praxis, 4,70 (1949)
9. H.G.Fröhlich, Textil-Praxis, 14, 72 (1958)
10. H.Zahn und T.Gerthsen, Melliand Textilber. 43,1179 (1962)
11. H.Zahn und K.Trautmann, Melliand Textilber., 35, 1o69 (1954)
12. D.H.Speakman, W.H. Stein und S.Moore, Anal.Chem.,30,1185(1958)
13. S.M.Sid-Masri, Proceedings 5.Int.Wollforschungskonferenz
    Bd.III,1 (1975)
14. H.G.Fröhlich, Diplomarbeit Karlsruhe 1941; Th.Schachowskoy
    und H.G.Fröhlich, Kolloid-Zt. 97, 336 (1941)
15. E.A.Robinson und J.Robinson, J.Soc.Dyers Col.,77, 351 (1961)
16. S.Ikeda, J.Soc.Textile Cellulose Ind.,Japan 16, 529 (1960)
17. H.Zahn und E.Hille, Z.Naturforsch. 13b, 824 (1958) u.
    J.Text.Inst., 51, T1162 (1960); H.Zahn, J.Soc.Dyers Col.,
    76, 226 (1960)

18. H.G.Fröhlich und E.Hille, Ztschr.ges.Textilind., 64, 48 (1962)
19. G.Berg, Melliand Textilber., 25, 110,145,183,221 (1944) u.
    18, 438 (1937)

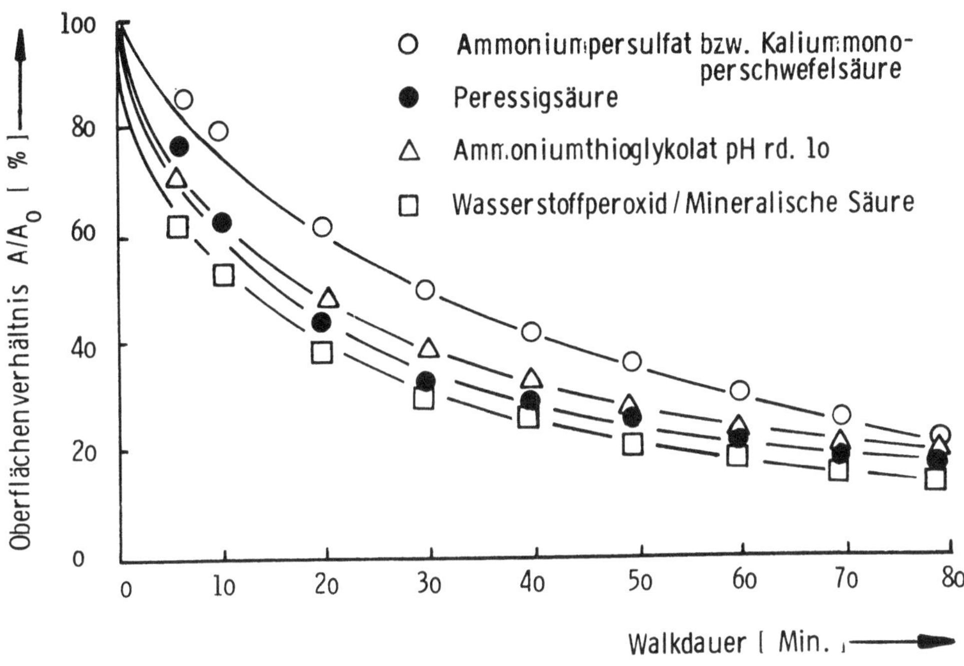

Abbildung 1

Vergleich der Walkgeschwindigkeiten der metallsalzfreien Beizen

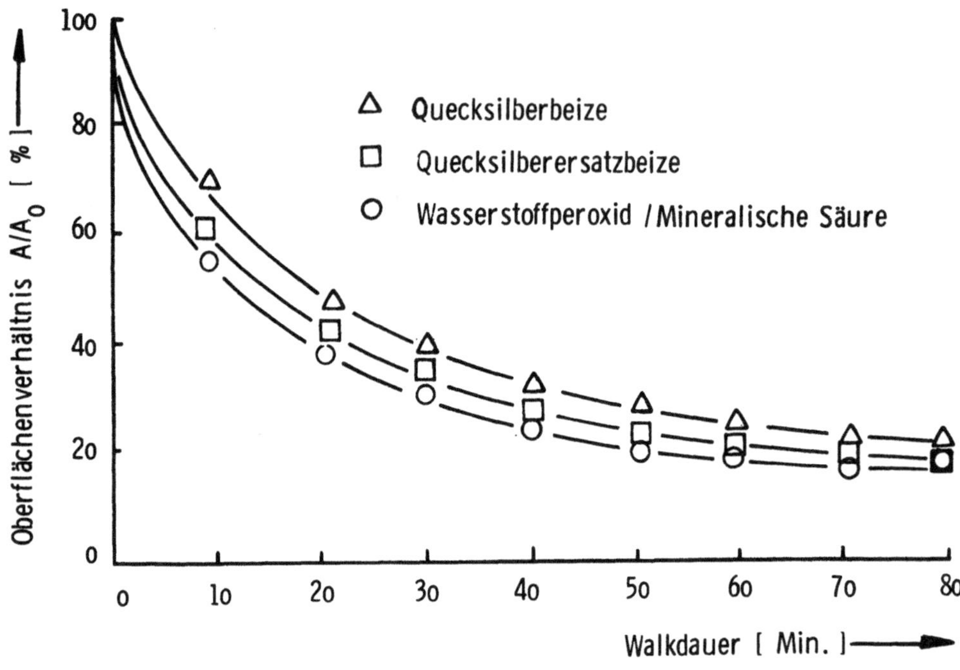

<u>Abbildung</u> <u>2</u>

Vergleich der Walkgeschwindigkeiten zwischen Quecksilberbeize, Quecksilberersatzbeize und Wasserstoffperoxid/Mineralische Säure

FORSCHUNGSBERICHTE
des Landes Nordrhein-Westfalen

Herausgegeben
im Auftrage des Ministerpräsidenten Heinz Kühn
vom Minister für Wissenschaft und Forschung Johannes Rau

Die „Forschungsberichte des Landes Nordrhein-Westfalen" sind in
zwölf Fachgruppen gegliedert:

Geisteswissenschaften

Wirtschafts- und Sozialwissenschaften

Mathematik / Informatik

Physik / Chemie / Biologie

Medizin

Umwelt / Verkehr

Bau / Steine / Erden

Bergbau / Energie

Elektrotechnik / Optik

Maschinenbau / Verfahrenstechnik

Hüttenwesen / Werkstoffkunde

Textilforschung

WESTDEUTSCHER VERLAG
5090 Leverkusen 3 · Postfach 30 06 20

GPSR Compliance
The European Union's (EU) General Product Safety Regulation (GPSR) is a set
of rules that requires consumer products to be safe and our obligations to
ensure this.

If you have any concerns about our products, you can contact us on

ProductSafety@springernature.com

In case Publisher is established outside the EU, the EU authorized
representative is:

Springer Nature Customer Service Center GmbH
Europaplatz 3
69115 Heidelberg, Germany